AF586711

EXAMEN

DES

EAUX PUBLIQUES EN GÉNÉRAL

ET EN PARTICULIER

DE

CELLES D'AURILLAC

AU POINT DE VUE
DE LEUR VALEUR RESPECTIVE, DE LEUR CAPTAGE
ET DE LEUR DISTRIBUTION.

PAR AUG. GAFFARD
Chimiste-Industriel

AURILLAC
IMPRIMERIE FERARY FRÈRES, LIBRAIRES

1865

EXAMEN

DES EAUX PUBLIQUES EN GÉNÉRAL

ET EN PARTICULIER

DE CELLES D'AURILLAC

I. — Nature de cet écrit, son but.

Les eaux sont particulièrement envisagées, dans cette notice, sous le rapport de leur constitution chimique et de leurs propriétés diverses; en sorte que ce petit travail ne se rattache qu'indirectement à l'art de l'ingénieur : il est essentiellement du domaine de la chimie appliquée, de l'hygiène et de l'économie domestique. Bien que fait en vue de la question locale, nous ne pouvions espérer lui donner le caractère d'utilité conçue qu'en traitant tout d'abord le sujet sous un aspect général, ce qui nous donnait, soit l'occasion d'initier nos lecteurs à quelques connaissances techniques qu'un trop petit nombre encore possèdent, soit le moyen de les fixer sur l'opinion des savants touchant notre objet. De cette manière, mais à regret pour les longueurs qui en résultent, nous n'aborderons l'examen spécial aux intérêts de la localité que dans la deuxième moitié de l'écrit, après avoir préparé ainsi nos lecteurs à nous suivre dans la voie que nous indiquons, s'ils la trouvent bonne.

Nous exposerons du reste notre raisonnement avec la réserve que s'impose toujours celui qui, vivant depuis un demi-siècle et se livrant depuis longtemps à l'étude des sciences appliquées, a maintes fois éprouvé des mécomptes avec les choses, comme avec les hommes. Nous sommes seulement persuadé que si notre manière de voir dans la question est erronée sur quelques points, malgré tous les efforts que nous faisons pour juger sainement, sans passion et sans parti pris, elle offrira quelques vérités utiles. D'ailleurs, ne ferions-nous qu'exposer les difficultés que nous signalons, à la sagacité de tous les hommes du pays qu'excite l'amour du progrès, que ce serait encore une invitation à un tournoi intellectuel et pacifique, aux résultats duquel l'intérêt de notre ville n'aurait qu'à gagner.

Nous n'avons pris le parti de livrer ce faible travail à l'impression, au lieu de nous adresser simplement au Conseil municipal, que parce qu'il nous a paru qu'il pouvait y avoir non seulement à redresser une erreur de la part de ce corps délibérant, touchant la valeur respective des diverses origines des eaux publiques d'Aurillac, mais encore et surtout qu'il y avait à combattre un préjugé enraciné parmi ses habitants. Or, un mandataire a toujours peu de plaisir à faire le bien à ses commettants, quelque grand qu'il puisse être, lorsque ceux-ci le reçoivent avec peine ou défiance. Il fallait, pour mettre le Conseil à l'aise, préparer d'avance l'opinion générale, et c'est là une des grandes raisons qui nous ont fait recourir à la voie de la presse, par l'intermédiaire de laquelle nous pouvions soumettre nos idées à la masse des citoyens.

Est-ce à dire que nous espérons convaincre tout le monde, dans le peu de temps que nous avons avant qu'on doive mettre la main à l'œuvre, malgré les citations d'opinions les plus autorisées, conformes à la nôtre? Non sans doute. Ne savons-nous pas que les bonnes choses sont ordinairement celles qu'on met le plus de temps à apprécier! Et, comme le dit un de nos poètes moralistes en parlant de l'homme : « Il est de glace aux vérités; il est de feu pour le mensonge. » Pour aller du petit au grand, considérons tous les efforts que dut faire le célèbre Parmentier avant de voir se généraliser en France la culture du tubercule qui devait, peu de temps après, préserver de la famine des contrées entières. Que de temps et de sacrifices de tout genre n'a-t-il pas fallu aux philanthropes pour propager l'usage dans le même pays, de la vaccine, cette pratique simple, à la portée de tous, qui, éloignant une épidémie des plus meurtrières, devait sauver annuellement des millions de sujets ! Nous ne pouvons, dans cette voie de citations, renoncer à parler d'un préjugé qui s'attacha, à une époque, aux propriétés du plus précieux des agents thérapeutiques, le quinquina. Un édit du roi, provoqué alors par une société savante, alla jusqu'à en proscrire l'usage médical, et cette utile écorce ne dut plus tard sa réhabilitation qu'à ce que le monarque, tombant malade lui-même et la Faculté ne pouvant le guérir, on dut faire venir de loin une préparation qui le rétablit rapidement. Mais ce remède était le secret d'un Anglais, Talbot; et lorsque l'État, représenté alors par Louis XIV, désirant le posséder dans l'intérêt de la nation et de l'humanité, l'eut acquis de son préparateur, il se trouva, à la honte de ceux qui avaient provoqué l'édit, que la nature de ce remède admirable était précisément celle que frappait cet édit.

Nous n'espérons donc pas ramener subitement aux idées que nous croyons saines un grand nombre de personnes, mais momentanément une proportion suffisante pour favoriser une décision que nous voudrions de la part du Conseil; le temps devant, suivant nous, faire le reste et rendre favorable aux travaux projetés l'opinion de la grande majorité, avant même qu'ils ne soient terminés.

II. — Importance de l'eau en général.

De toutes les substances dont l'homme fait usage, l'eau est la plus importante. Il peut se passer de tous les liquides, un excepté, et c'est l'eau. Le pain, cette base de l'alimentation dans nos contrées, peut être remplacé, comme on le sait, par d'autres matières nutritives, telles que les préparations de sarrasin, de riz, de maïs, de manioc; par la pomme de terre, la patate, l'igname, etc. : on ne saurait substituer à l'eau, dans ses divers usages, un liquide quelconque, sans s'exposer à de grands désordres pathologiques. C'est incontesté, et dès-lors une proposition qu'il serait futile de discuter.

L'homme consomme tous les jours des quantités considérables d'eau, soit à l'état simple, soit comme base d'un grand nombre de boissons, de potages et ragoûts divers, soit enfin comme faisant partie, ainsi que dans le pain, d'un grand nombre d'aliments. Elle sert de moyen de cuisson à une foule d'autres. Mais son plus grand emploi consiste à être l'agent général, direct ou indirect de la propreté, cette condition si importante pour l'agrément, le confortable et la santé de l'homme vivant en société. Qu'il s'agisse donc de la propreté du corps, de celle de nos aliments, de celle des vases qui les reçoivent ou servent à leur préparation; de la propreté de nos vêtements, de nos habitations, c'est à l'eau et toujours à l'eau que nous avons recours. Les animaux domestiques, compagnons devenus nécessaires à l'homme, font de son emploi une condition indispensable de leur existence et de leur prospérité.

L'eau est encore l'unique moyen, ou à peu près le seul, de combattre l'incendie. Si, pour cet usage, la qualité de l'eau importe peu, la quantité dont on peut disposer à la fois et la facilité de la puiser influent puissamment sur les résultats.

L'eau, enfin, joue un rôle considérable comme moyen d'assainissement des villes. Non seulement une distribution abondante, s'écoulant en partie dans les égoûts, a pour effet de diminuer la somme des miasmes putrides qui s'en dégagent, en en expulsant préventivement les matières organiques putrescibles, telles que les déjections animales; mais, à l'époque des épidémies, rafraîchissant constamment l'air par l'effet d'une évaporation permanente, elle empêche l'élévation de température de l'atmosphère, cause principale de ces maladies. On pourrait ajouter encore que la végétation arborescente ou herbacée du centre ou du pourtour des villes : squares, jardins, boulevards, quais, promenades, etc., qui en purifient sans cesse l'atmosphère, en s'en assimilant l'acide carbonique et en y déversant de l'oxygène, se trouve singulièrement activée par l'effet d'une large distribution aquifère..

On le voit, l'eau, et l'eau en abondance, importe, au premier chef, au bien-être. On ne saurait donc mettre trop de soin à doter d'un bon système de distribution toute ville dont on veut la prospérité, puisque la santé, l'aisance et la sécurité de ses habitants en dépendent. Les Romains, ce peuple intelligent qui nous a devancés dans la civilisation, le savaient si bien qu'ils ne posaient jamais les fondations d'une ville sans y avoir préalablement créé un système d'aménagement d'eau qui pût permettre à la cité projetée d'en disposer abondamment en tout temps.

La qualité des eaux est une condition essentielle pour un grand nombre d'usages, et ce qu'il y a d'heureux, c'est que la meilleure comme boisson est aussi la plus propre à la cuisson des légumes; celle aussi qui s'assimile le mieux les principes azotés et aromatiques des viandes et des végétaux. Elle se mêle en outre très-bien aux corps gras dans la confection des bouillons, comme pour laver la vaisselle; enfin, elle dissout bien le savon et, par cela, est on ne peut mieux appropriée au blanchissage du linge. Ajoutons encore qu'elle est recherchée pour l'emploi des générateurs à vapeur dans lesquels elle produit peu d'incrustations.

III. — Nature de l'eau; ses qualités.

L'eau, dans son état de pureté, est, comme on sait, un composé d'hydrogène et d'oxygène, dans la proportion de deux volumes du premier de ces gaz, et d'un volume du second. Ces deux corps simples qui, à la température ordinaire et même à une température extrêmement basse, restent à l'état gazeux, produisent, en se combinant, un composé liquide à la température ordinaire, occupant un volume deux mille fois moindre, approximativement, qu'avant leur union, et dont les propriétés physiques, chimiques et organoleptiques, n'ont rien de ses composants.

L'eau la plus plus pure est celle qui résulte de la combinaison des deux gaz hydrogène et oxygène, au moyen de l'étincelle électrique, dans l'eudiomètre. Vient ensuite l'eau distillée. L'eau de pluie, de neige ou de rosée, provenant de la condensation des nuages, du brouillard ou de l'humidité atmosphérique, sorte de distillation naturelle, se classe après l'eau distillée, dans l'ordre de pureté; mais celle qui est le produit des orages renferme, assez souvent, de minimes proportions d'acide azotique résultant de la combinaison de l'oxygène et de l'azote de l'air, par l'effet des décharges électriques ; et la pluie qui tombe à proximité des villes présente des traces d'ammoniaque.

Les eaux les plus pures qu'on trouve ensuite dans la nature, sont généralement celles des cours d'eau ou même des sources qui, à leur point de captage ou d'émergence, n'ont coulé que dans des terrains primitifs ou volcaniques. Elles renferment ordinairement, en dissolution, de minimes proportions de sels magnésiens et des traces de sels calcaires.

Les eaux qui ont traversé des couches calcaires ou crayeuses sont d'une pureté moindre.

Enfin, les eaux gypseuses ou séléniteuses, c'est-à-dire qui proviennent des terrains qui renferment du sulfate de chaux ou plâtre, sont classées généralement les dernières dans cet ordre de pureté.

Nous ne parlons, bien entendu, que des eaux dites *potables* et non point des eaux assez chargées en principes divers pour porter le nom d'eaux minérales.

Les eaux dont l'usage est le plus salubre sont, sans contredit, celles qui sont les plus pures ou dont la constitution chimique les rapproche le plus de l'eau distillée. Mais, pour qu'une eau soit digestive, il est essentiel qu'elle renferme de l'air en dissolution. Il semblerait encore qu'une petite proportion de carbonate ou de bi-carbonate de chaux serait utile en fournissant à la charpente osseuse l'élément calcaire qui en fait la base ; mais pour cet effet utile, très-contesté du reste, il n'en faudrait que des quantités extrêmement minimes, et à tel point que les eaux sont considérées comme d'autant plus propres aux usages de la vie qu'elles renferment moins de corps étrangers.

La chimie vient en aide aux économistes et aux philanthropes, comme on le voit, lorsqu'il s'agit du choix d'une eau pour alimenter une cité, et les lumières de la science intervenant parfois dans des conflits suscités par la grave question de la valeur relative des eaux, ont souvent résolu la difficulté dans un sens bien différent des apparences. Des faits de ce genre se sont produits, il y a peu d'années, lorsqu'il s'est agi de l'alimentation en eau de la capitale de l'Autriche, si mal dotée encore sous le rapport des eaux qu'on y consomme et où la mortalité est, croit-on, pour cela si grande. Des différends semblables se sont renouvelés en Italie à propos des eaux de Venise ; en France pour l'aménagement des eaux de Marseille, de Bordeaux, de Lyon, etc., et tout récemment à Paris pour un complément de distribution d'eau dans cette capitale.

IV. — Analyse et essais chimiques des eaux ; leur choix.

Bien que l'analyse proprement dite des eaux soit possible, puisqu'on la pratique journellement, elle constitue néanmoins une opération d'une extrême délicatesse, dont peu d'hommes sont capables, qui demande l'emploi de réactifs coûteux et un temps long, toujours précieux, puisqu'il s'agit de celui de savants. Les résultats, étant, en outre, très-sujets à erreur, exigent souvent des répétitions dans les diverses parties de l'opération principale, toutes choses qui en font une affaire peu usuelle. Le docteur Clarcke, en Angleterre, appelé à statuer souvent sur la qualité des eaux destinées à l'alimentation des chaudières à vapeur dans lesquelles les eaux produisent d'autant moins d'incrustations que ce liquide est plus pur, a, le premier, imaginé un essai d'une grande simplicité, ayant pour effet de connaître, au moyen d'une dissolution alcoolique de savon, la quantité de sels terreux qu'elles renferment. MM. Boutron et Boudet, deux pharmaciens - chimistes français, membres de l'Académie de médecine, occupés depuis longtemps de l'étude des eaux douces, et pénétrés des avantages qui, au point de vue de l'hygiène, de l'agriculture et de l'industrie, résulteraient de la connaissance exacte de la composition des eaux répandues à la surface de chaque contrée, se sont attachés à la recherche de moyens d'investigation plus simples et plus faciles que ceux déjà en usage. Ils ont été assez heureux pour créer à cet effet une nouvelle branche de l'analyse volumimétrique, connue sous le nom d'*hydrotimétrie,* qui est un progrès considérable dans cette voie. Aussi l'Académie des sciences, dans sa séance publique du 28 janvier 1856, a-t-elle décerné à MM. Boudet et Boutron un prix de deux mille francs « pour le procédé au moyen duquel ils déterminent, d'une manière rapide, la proportion des sels de chaux et de magnésie qui se trouvent dans les eaux potables et dans celles dont l'industrie peut tirer parti. »

La méthode de ces savants a pour point de départ, comme ils le disent eux-mêmes, les curieuses observations du docteur Clarcke sur l'emploi de la teinture alcoolique de savon pour mesurer la *dureté* des eaux. Elle est fondée sur la propriété si connue que possède le savon de rendre l'eau pure mousseuse et de ne produire de mousse dans les eaux chargées de sels terreux, et particulièrement à base de magnésie et de chaux, qu'autant que ces sels ont été décomposés et neutralisés par une portion équivalente de savon et qu'il reste un petit excès de celui-ci dans la liqueur.

« La *dureté* d'une eau étant proportionnelle aux sels terreux qu'elle contient, la quantité de teinture de savon nécessaire pour y produire la mousse peut donner la mesure de sa dureté.

» Tel est le principe que le docteur Clarcke a établi, et, à l'aide d'une burette graduée et d'une liqueur titrée qu'il a mises en usage en Angleterre, on peut apprécier la dureté des eaux et la proportion des matières incrustantes qu'elles déposent sous l'influence d'une ébullition prolongée. »

C'est au développement de ce principe que se sont attachés les deux chimistes précités, convaincus qu'il pouvait fournir un procédé facile et rapide pour doser, dans les eaux de source et de rivière, les principales substances qu'elles contiennent, telles que la chaux, la magnésie et les acides avec lesquels ces bases s'y trouvent le plus ordinairement combinées.

Avec la liqueur titrée et la burette graduée de MM. Boutron et Boudet, employées suivant leur méthode, et à l'emploi desquelles on joint, soit celui de la chaleur, soit celui de trois autres réactifs (l'oxalate d'ammoniaque, l'azotate de baryte et l'azotate d'argent), ces savants ont créé une méthode extrêmement simple d'analyse volumimétrique qui, pour la composition des eaux douces, répond parfaitement à tous les besoins pratiques. Mais l'emploi simple, et comme empirique, de la teinture de savon, au moyen de la burette dite *hydrotimètre*, donnant un degré d'autant plus élevé que l'impureté ou la *dureté* de l'eau est plus grande, fournit un moyen précieux et suffisant pour la plupart des cas, sans avoir recours aux dosages distincts des divers éléments de leur impureté, à l'effet de constater la valeur relative des eaux pour les emplois en général. Ainsi, pour exprimer le degré de *dureté* d'une eau, on dit simplement qu'elle marque tel ou tel degré de l'échelle hydrotimétrique ; exemple :

L'eau, résultat de la synthèse, et l'eau distillée marquent.......	0 degré 0 dixième.
L'eau de pluie ou de neige, à distance des villes..............	1 — 0 —
L'eau de l'Yonne, à la sortie du Morvan....................	1 — 5 —
L'eau du ruisseau de Grenalière..	2 — 0 —
id. de l'Allier, à Moulins......	3 — 5 —
id. de la Dordogne, à Libourne.	4 — 5 —
id. de la Garonne...........	5 — 0 —
id. de la Loire, à Tours et à Nantes..............	5 — 5 —
id. des Sables de Fontainebleau.	6 — 0 —
id. de la Cure, affluent de l'Yonne..............	6 — 5 —
id. de la vallée de Meudon....	7 — 0 —
id. du Ruverdron...........	8 — 0 —
id. du puits de Grenelle......	9 — 0 —
id. du petit Morin, près Jouarre.	10 — 0 —
id. du puits de Passy........	11 — 0 —
id. de la source du Petit-Vin, près Pontoise.........	12 — 0 —
id. de la Soude.............	13 — 5 —
id. de la Marne.............	14 — 0 —
id. du Rhône...............	15 — 0 —
id. du ruisseau de Brinche, affluent de la Marne......	16 — 0 —
id. de la Seine, au pont d'Ivry.	17 — 0 —
id. de la Chalonette..........	18 — 0 —
id. de Guillerval............	19 — 0 —
id. de la Juive..............	20 — 0 —

L'eau du Sourdon, près Epernay. 21 — 0 —
id. du Colmiers, affluent de l'Yonne............... 22 — 0 —
id. de l'Isson, à St-Remy...... 23 — 0 —
id. de la Dhuis.............. 24 — 0 —
id. de la source de Briant, vallée d'Yères............... 25 — 0 —
id. du Canal de l'Ourq...... 30 — 0 —
id. d'une source d'Essone..... 35 — 0 —
id. de la fontaine de Palaiseau. 40 — 0 —
id. de la source Lardy, vallée de la Juive............ 44 — 0 —
id. des Prés Saint-Gervais..... 72 — 0 —
id. de Belleville............. 128 — 0 —

Faut-il s'étonner, disent MM. Boutron et Boudet, si la mauvaise qualité de ces deux dernières eaux, qui arrivaient autrefois rue St-Martin, a fait donner à l'une des deux fontaines de cette rue le nom de *Fontaine maubuée* (mauvaise lessive)?

Il est sans doute utile, pour certaines circonstances, de connaître les proportions exactes de carbonate de chaux, de sulfate de chaux ou autres sels calcaires, de sels de magnésie, de chlorures et d'acide carbonique contenues dans l'eau qu'on examine, résultats auxquels conduit facilement la méthode de MM. Boudet et Boutron; mais la seule notion du degré hydrotimétrique peut suffire dans la plupart des cas et exprime mieux, d'une manière sommaire, que des chiffres nombreux pondéraux, la valeur de l'eau aux usages domestiques ou industriels, quand surtout on s'adresse à cette nombreuse portion de la société qui, bien qu'instruite, est étrangère ou peu versée dans les connaissances chimiques.

V. — Valeur comparée des diverses eaux publiques; opinion des savants.

Nous ne saurions mieux faire, pour donner plus d'intérêt à cet important chapitre, que de reproduire textuellement les termes dans lesquels s'exprime, à ce sujet, dans son excellent traité, tout récent, sur les eaux publiques, M. Grimaux, savant dont l'opinion concorde en tous points avec celle que M. Payen émet dans le *Précis des substances alimentaires* qu'il vient de publier (1865); avec celle de M. Malagutti, professeur de chimie, doyen de la Faculté de Rennes; avec celle de M. Dupuit, inspecteur général des ponts et chaussées, auteur du *Traité théorique et pratique de la distribution des eaux* (édition de 1865); avec celle de A. Becquerel et de M. Beaugrand, exprimée dans l'édition 1864 de leur *Traité d'hygiène;* enfin avec les idées admises par la Société d'hydrologie médicale de Paris.

« A une époque où l'on discutait la valeur des sources dont la ville de Lyon pouvait emprunter les eaux, un chimiste composa un livre pour démontrer qu'il fallait préférer aux eaux du Rhône celles de plusieurs sources peu éloignées qui contenaient en dissolution des sels favorables à la teinture de la soie. *Ce chimiste ignorait les principes*.

» D'autres ont affirmé que les carbonates de chaux et de magnésie, loin de nuire à la qualité de l'eau, la rendent saine et agréable. Ceux-là ont aussi méconnu les principes. Nous examinerons cette opinion, avec détail, dans le chapitre suivant.

» Et, en effet, une eau destinée à tout le monde et à tous les usages domestiques et industriels, ne doit pas avoir des propriétés qui la rendent susceptible d'altérer en aucune façon les qualités des substances qu'on lui confie. Si l'on a à choisir entre plusieurs eaux, il faut donc prendre la plus neutre et ne pas établir des préférences fondées sur la présence de tel ou tel sel, agréable à tel goût, favorable à tel tempérament, propre à telle teinture, parce qu'il y a d'autres goûts, d'autres tempéraments et d'autres teintures pour lesquels les mêmes sels peuvent être un inconvénient et même un danger.

» C'est pour cela que les eaux publiques doivent être neutres.

» Les propriétés de l'eau neutre, de l'eau qui réunit les conditions dont il vient d'être parlé, sont les suivantes :

» 1° Elle apaise la soif, sans exciter à boire, mouille bien la bouche et le palais, et ne pèse point sur l'estomac ;

» 2° Elle s'échauffe et bout facilement, sans se troubler ni écumer, s'évapore promptement et sans laisser de résidu manifeste, se rafraîchit très-vite ;

» 3° Elle cuit bien les légumes et ne les durcit pas, extrait avec facilité les principes aromatiques des plantes, telles que le thé, sans altérer leur saveur ;

» 4° *Elle dissout le savon* et blanchit parfaitement le linge ;

» 5° Elle adoucit la peau et la nettoie, sans la dessécher ni l'irriter.

» L'eau qui jouit de ces propriétés est légère, limpide ; elle mousse tant soit peu par l'agitation ; elle n'a ni couleur ni odeur sensible ; elle n'a pas de goût particulier, et les vins auxquels on la mêle n'en sont point altérés ni dans leur bouquet, ni dans leur couleur.

» *Or ces qualités se rencontrent le plus généralement dans les eaux de pluie et de rivière,* et elles y existent proportionnellement, en raison directe de la quantité d'air et inverse des principes fixes que les circonstances y ont introduits.

» Il y a bien quelques eaux de source qui réunissent la plupart de ces qualités ; ce sont celles qui ont traversé un sol rocailleux ou sablonneux, qui n'a pu leur céder aucun principe soluble. Les autres sources sont dans les conditions qu'a dites Pline, il y a vingt siècles : *Quippè tales sunt aquæ, qualis terra per quam fluunt.* Mais, même dans les conditions les plus favorables, on peut assurer que les eaux de source contiennent une quantité d'air relativement moindre que l'eau de rivière ou de fleuve et, par conséquent, que l'eau de pluie. En tout cas donc, et les choses égales d'ailleurs, *ces dernières doivent avoir la préférence.*

» Cette condition si précieuse de la présence de l'air dans l'eau *diminue de beaucoup le mérite des eaux jaillissantes* que l'on va chercher à grand'-peine dans les profondeurs de la terre.

» L'air exerce son action principalement par l oxygène qui fait partie de sa composition. »

M. Lefort, dans son excellent *Traité de chimie hydrologique,* chapitre XIII, consacré aux eaux courantes, s'exprime ainsi qu'il suit :

« Les ruisseaux, les rivières et les fleuves sont alimentés par les eaux pluviales, les eaux de source et les neiges qui couronnent les montagnes, mais ces dernières moins que les deux premières, si on en excepte les glaces de la Suisse, dont les eaux vont grossir si abondamment le Rhône pendant l'été.

» Constatons dès à présent que, chimiquement parlant, les eaux douces qui s'épanchent à la surface du sol n'ont jamais une même constitution sur tous les points où on l'examine. Il s'opère à chaque instant, entre quelques-uns de leurs principes minéraux, des réactions particulières, multiples et, dans tous les cas, difficiles à apprécier dans leurs détails les plus intimes.

» L'acide carbonique, dont la terre est le principal réservoir, est, à n'en pas douter, l'agent qui apporte le plus de modifications dans la nature des principes minéraux des eaux. Si, dans l'origine, les eaux douces qui, en se rassemblant plus tard, doivent donner lieu aux ruisseaux, n'ont traversé que des roches, elles sont peu chargées de matières salines; l'analyse y constate seulement l'existence de l'acide carbonique, peu de chlorures et de sulfates, un peu plus de bicarbonates alcalins, et à peine de matières organiques ; elles ont en outre la propriété d'être claires, limpides et fraîches.

» Les eaux parvenues dans les ruisseaux et continuant à couler sur un sol siliceux, muni de nombreuses aspérités, abandonnent une petite portion d'acide carbonique dissout, et elles absorbent les éléments de l'air qui leur manquaient, du moins en partie. Les analyses ont, en effet, constaté qu'à une certaine distance de leur point d'émergence, les eaux courantes étaient moins saturées de gaz carbonique et qu'elles étaient au contraire plus aérées.

» Mais ces heureuses conditions ne sont pas exactement réunies partout. Les eaux des ruisseaux ne proviennent pas seulement des sources naturelles, mais encore de l'atmosphère. Ces dernières, après avoir coulé sur le sol ou dans les couches superficielles des terrains meubles et calcaires, ont entraîné avec elles des sels de chaux et de magnésie et des matières organiques. Si elles sont très-aérées, en revanche elles sont chargées d'une quantité assez considérable de principes fixes, de nature terreuse, qui les rendent parfois troubles et par conséquent peu potables. Des réactions faciles à comprendre se sont accomplies, une partie de l'acide carbonique dissout s'est combiné aux carbonates neutres de chaux et de magnésie, et a formé des bicarbonates solubles, jusqu'à ce que des causes accidentelles viennent à leur tour ramener ces sels en acide carbonique et en carbonates neutres.

» Le rôle de l'acide carbonique ne consiste pas seulement à maintenir dans les eaux courantes les carbonates neutres, calcaire et magnésien, à l'état de bicarbonates : sous son influence, d'autres sels, sulfates, phosphates, peu solubles de leur nature, entrent en dissolution et subissent ensuite, comme les bicarbonates, toutes les modifications que leur infligent les agents physiques et chimiques au sein desquels ils sont continuellement mis en présence.

» Les eaux des ruisseaux, en poursuivant leur cours, finissent par se clarifier si l'état de l'atmosphère le permet, puis par perdre une autre portion de leurs matières salines solubles. On découvre, en effet, que plus on s'éloigne des petits cours d'eau, moins les eaux des ruisseaux sont minéralisées; tel est le cas des fleuves, comparés aux rivières et aux ruisseaux. Il est établi depuis longtemps que l'eau des fleuves est plus pauvre en matières minérales que l'eau des rivières, et celle-ci que l'eau des ruisseaux. A Rouen, l'eau de la Seine est plus pure qu'à Paris, soit en amont, soit en aval.

» Le bicarbonate de chaux est, de tous les sels dissouts normalement dans les eaux courantes, celui qui diminue le plus rapidement sous l'influence de l'air ambiant et des secousses réitérées que les particules d'eau s'impriment entre elles en cherchant à vaincre les obstacles que la nature oppose à leur écoulement. Le bicarbonate de chaux, disons-nous, se décompose en acide carbonique, dont une partie se dissout et l'autre retourne à l'atmosphère, et en carbonate de chaux neutre, qui se précipite et va, avec les matières organiques solubles et minérales, tenues en suspension, former le limon. Les expériences des chimistes ont démontré, en effet, que les eaux des fleuves étaient moins chargées de bicarbonate de chaux que les eaux des rivières et surtout des ruisseaux. »

VI. — Application des notions qui précèdent aux eaux publiques d'Aurillac. — Autres documents.

Nous avons, dans les lignes qui précèdent, exposé l'importance, pour toute ville, d'une ample distribution d'eau et de bonne eau. Nous avons fait connaître les qualités qu'on doit rechercher de la part de ces eaux; les moyens pratiques de les apprécier. Nous avons donné un tableau présentant les degrés hydrotimétriques respectifs d'un certain nombre d'eaux publiques, ce qui nous fournira un moyen empirique, mais exact, de juger comparativement de la valeur d'autres eaux, par la seule connaissance de leur degré hydrotimétrique. Nous pouvons dès lors aborder l'examen des diverses eaux publiques de notre ville, en leur faisant l'application des notions déjà données.

Les eaux dont dispose actuellement la ville d'Aurillac proviennent de diverses sources et de la Jordane.

La source du Morou alimente, au moyen de conduites en bois, de six centimètres de diamètre, deux fontaines essentielles : celle de l'Hôtel-de-Ville et celle du Foiral.

La fontaine de la place Saint-Geraud reçoit, par une conduite en bois, de petit diamètre, un minime filet d'eau, de médiocre qualité, provenant des prés dits de *Lacondamine*.

La fontaine d'Aurinques reçoit, de la même manière, les eaux d'une source peu éloignée de la ville. La fontaine de la place Monthyon, les trois bornes-fontaines, rue du Cerf, rue du Rieu et du faubourg St-Marcel, ainsi que les prises d'eau des casernes et des écoles chrétiennes, sont alimentées en eau de la Jordane, au moyen de tubes en tôle bitumée.

La fontaine du Pradet, comme celle de l'*Aumône*, sont le résultat du captage, sur place, ou venant d'une faible distance, de deux sources de moyenne qualité.

TABLEAU *des degrés hydrotimétriques respectifs des diverses eaux d'Aurillac, obtenus en été, en temps de grande sécheresse, ce qui est l'exception.*

Eau de la Jordane...........	3 degrés	5 dixièmes.
— de la fontaine du Pradet...	7 —	5 —
— de la source du Morou.....	11 —	0 —
— de la fontaine de l'*Aumône*.	13 —	0 —
— de la fontaine d'Aurinques..	15 —	5 —

La fontaine de la place St-Geraud ne donnant pas d'eau à cette époque, par suite de la sécheresse, n'a pu être l'objet d'un essai quelconque.

TABLEAU *des résultats hydrotimétriques des mêmes eaux, obtenus en octobre, après la cessation de la sécheresse, dans un état de moyenne abondance.*

Eau de la Jordane.............	1 degré 1 dixième.
— de la fontaine du Pradet.....	6 — 0 —
— de la source du Morou......	9 — 0 —
— de la fontaine de l'*Aumône*...	11 — 3 —
— de la fontaine d'Aurinques...	11 — 5 —
— de la place St-Geraud........	13 — 5 —
— résultant du mélange de deux parties d'eau de la Jordane et d'une partie de la source du Morou...............	3 — 7 —

Il suffit de jeter un coup-d'œil sur ce dernier tableau, en comparant les degrés hydrométriques fournis par nos eaux avec les résultats de même nature obtenus d'eaux très-connues, relatés dans le tableau qui précède médiatement, pour en tirer un enseignement intéressant à plus d'un titre.

Et d'abord les moins pures de nos eaux ou les plus *dures*, pour nous servir d'une expression déjà consacrée, celles de la place St-Geraud et de la place d'Aurinques occupent approximativement la moyenne en qualité, parmi les eaux qui alimentent nos diverses villes de France.

La fontaine dite de l'*Aumône*, qui vient ensuite dans l'ordre de *dureté*, est trop peu abondante pour pouvoir présenter un grand intétérêt.

La source du Morou, très-abondante et d'un écoulement très-constant, peu sujette à se troubler lors des pluies, et dont un bon captage doit augmenter le rendement, marque en moyenne 9 degrés hydrométriques, résultat égal à celui que fournissent les eaux du puits de Grenelle, supérieur à celui que donnent les eaux du puits de Passsy et à celui fourni par un très-grand nombre de cours d'eau en France. Comparée aux autres sources de notre ville, celle du Pradet seule lui est supérieure en qualité. Mais la source du Pradet est peu abondante. D'ailleurs, elle coule à une hauteur trop minime, relativement au niveau de la rivière, au bord de laquelle elle se trouve, et qui, lors des hautes eaux, en atteint ou dépasse même le tube d'écoulement.

Mais toutes les eaux de source, même celle du Pradet, sont inférieures en qualité aux eaux de la Jordane.

Comme on pouvait le penser, le degré hydrotimétrique des eaux de la Jordane devait être voisin de celui des eaux de l'Allier, des plus pures parmi les cours d'eau de France, prenant sa source dans un terrain primitif, les Cévennes, et dont un grand nombre d'affluents proviennent des montagnes volcaniques du Velay et de l'Auvergne, congénères et contemporaines de formation du groupe cantalien qui donne naissance à la Jordane ; aussi les essais hydrotimétriques sont-ils venus confirmer ces prévisions. Ces eaux qui, au moment de la plus grande sécheresse, avaient donné 3 degrés 5 dixièmes, essayées de nouveau en octobre, à l'époque de l'année où les eaux de l'Allier avaient été expérimentées, n'ont même plus fourni que 1 degré 1 dixième à la burette hydrotimétrique, ce qui est *le plus beau résultat, parmi les essais publiés, portant sur un très-grand nombre d'eaux du territoire français*, se rapprochant singulièrement ainsi de la pureté de l'eau distillée.

Sans vouloir précisément apprécier dans notre travail le degré d'opportunité qu'il pouvait y avoir d'aller capter les eaux d'un cours déjà utilisé par de nombreuses usines ou par l'irrigation de prairies, lorsque, avec la seule source du Morou, bien captée et sagement aménagée, on aurait eu autant d'eau à Aurillac que dans un grand nombre de villes du territoire, nous ferons cependant remarquer que le système du Morou seul n'amènerait tout au plus, en temps de sécheresse, que 5 litres d'eau par seconde, soit une moyenne de 43 litres par habitant, dans les 24 heures, lorsque le système entier est appelé à tripler ce volume. En effet, si une conduite de 15 centimètres est une dimension adoptée par les hommes de l'art pour amener, sous une pression donnée, à Aurillac, 5 litres d'eau par seconde, la section de la conduite de 20 centimètres représentant presque le double de celle de 15, et d'autre part, les frottements décroissant avec l'augmentation des surfaces de section, on doit raisonnablement penser que les conduites de 20 centimètres, sous une charge égale, sont appropriées à un aménagement du double de 5 litres par seconde, soit de 10 litres, ou en tout 15 litres par seconde, égal à une distribution journalière, par tête, de 128 litres. Sans doute, ainsi qu'on le verra dans le tableau qui suit, quelques villes d'une certaine importance, comme St-Etienne, Metz, le Hâvre, Angoulême, sont plus parcimonieusement desservies que ne le serait Aurillac par le système unique du Morou ; mais nous ferons observer que ces localités se plaignent de l'insuffisance de leur système, et qu'elles sont, ou à la recherche des moyens de l'améliorer, ou en voie d'amélioration.

Tableau indiquant la quantité d'eau distribuée dans diverses villes, par jour et par habitant.

Rome	940	litres.
Dijon	200 à 600	
Marseille	470	
Carcassonne	400	
Besançon	250	
Paris	150 à 200	
Lyon	145	
Gênes	100 à 120	
Glascow	100	
Londres	95	
Narbonne	80 à 85	
Toulouse	62 à 78	
Genève	74	
Philadelphie	60 à 70	
Grenoble	60 à 65	
Vienne (Isère)	60 à 65	
Montpellier	50 à 60	
Clermont-Ferrand	50 à 55	

Edimbourg..............	50	litres.
Lons-le-Saulnier..........	48 à 45	
Le Havre................	40 à 45	
Gray....................	40 à 45	
Manchester.............	44	
Angoulême..............	35 à 40	
Chaumont...............	30 à 35	
Liverpool................	28	
Metz....................	20 à 25	
Saint-Etienne............	20 à 25	
Dôle....................	15 à 20	
Béziers..................	12 à 14	
Quimper................	12	

L'adoption de 129 litres d'eau en 24 heures, par tête d'habitant, dans l'état actuel de la population d'Aurillac, est un chiffre relativement élevé, si nous consultons le tableau qui précède, relatant les villes les mieux approvisionnées de l'Empire. En effet, six villes, Dijon, Marseille, Carcassonne, Besançon, Paris et Lyon, seraient seules plus largement desservies, lorsque toutes les autres, et dont le plus grand nombre ne figure point dans le tableau, sont plus parcimonieusement dotées. Mais si à cette part, considérée seulement comme eau aménagée, nous ajoutons celle qui, captée pour les besoins des usines, s'écoule à une distance minime du centre et au sein de la cité, comme le bief St-Etienne, celui longeant la préfecture et le faubourg St-Marcel, à une hauteur qui la rend d'un emploi très-commode pour le lavage du linge et pour une foule d'autres emplois, tels que ceux de l'abattoir, des tanneries, des teintureries, etc., nous devrons considérer Aurillac comme une des villes les plus heureusement partagées d'Europe. Mais enfin voudrait-on, en prévision du développement désirable de notre ville, lui donner ultérieurement un plus grand volume d'eau aménagée, que les tubes de conduite adoptés en rendraient la réalisation facile, puisque, à la rigueur, ils pourraient, d'après les données fixées par les hommes de l'art, fournir à l'écoulement d'une moitié en sus (1).

Le chiffre du volume d'eau nécessaire à l'alimentation d'une réunion d'hommes pour les divers usages n'a encore été, à ce qu'il paraît, résolument posé par aucune autorité. D'après les médecins, un homme, dans les conditions moyennes, absorbe, par jour, deux litres de ce liquide. Ce serait donc là la quantité rigoureusement nécessaire et au-dessous de laquelle commencerait la souffrance physique. Quant à la consommation pour l'usage externe ou de propreté, on l'évalue généralement à 18 litres, ce qui porte à 20 litres le volume que chaque habitant d'une ville est censé en consommer, lorsque ce liquide lui est fourni à discrétion. Mais ne se trouvent comprises dans cette évaluation ni l'eau que consomment les animaux, ni celle qu'emploient certaines indus-

(1) M. Renard évalue, dans ses calculs d'homme pratique, que la conduite de vingt centimètres de diamètre, que nous consacrerions à nous amener seulement dix litres de liquide par seconde, pourrait suffire à dix-sept litres.

tries, comme les teinturiers, les brasseurs, etc., ni celle consacrée à l'arrosement des jardins, ni enfin, et surtout, l'eau qui sortant des diverses tubes d'écoulement, tels que robinets, jets d'eau, etc., n'est point recueillie. Aussi a-t-on été bien des fois embarrassé pour fixer, *à priori*, la somme de ce liquide qu'on devait demander aux divers systèmes projetés. Mais on peut considérer en général, avec les hommes les plus autorisés, que l'eau n'est jamais desservie avec trop d'abondance pour l'hygiène et les commodités d'une ville; de telle sorte que dans les questions de captage et de distribution aquifères, on doit plutôt envisager les ressources dont on peut raisonnablement disposer à cet effet, que le volume du résultat. Des citations qui portent sur des appréciations récentes, tendront à donner, jusqu'à un certain point, la mesure de l'utilité de ce liquide. C'est ainsi que nous voyons la ville de Paris qui, il y a quelques jours, ne distribuait à ses habitants qu'une moyenne de 60 litres par jour, en venir, par des sacrifices considérables, à porter ce volume de 60 à plus de 150. Dijon, qui en distribue journellement de 180 à 600, suivant la saison, n'en trouve pas encore assez : son édilité vient encore de consacrer cinq cent et quelques mille francs à l'achat d'une source qui doit doubler ce volume. On le voit, si certaines villes se réduisent à une consommation de 12 à 14 litres, comme Béziers et Quimper, d'autres, telles que Carcassonne, ne se plaignent point d'une quantité vingt fois plus grande. Il paraîtrait donc peu rationnel de trouver suffisante la distribution à laquelle eût fourni la seule source du Morou (43 litres), lorsque d'ailleurs le système d'aménagement actuel, dans l'état d'imperfection ou d'usure qu'il présente, ne produisant peut-être pas le quart de ce volume, demande à être renouvelé complètement, et qu'il en coûterait relativement peu de tripler les résultats d'un travail devenu indispensable.

Etant décidé en principe que les eaux de la Jordane seront amenées à Aurillac, dans une proportion donnée, concurremment avec les eaux du Morou, nous examinerons le projet de M. Renard, adopté par la ville, travail qui, soit dit en passant, nous semble être une œuvre bien conçue au point de vue de la mission qu'il a reçue.

Il semblerait que les eaux de la source du Morou ont été considérées par les commettants de M. Renard comme si supérieures en qualité à celles de la Jordane, qu'on n'a même pas songé à filtrer celles-ci. On a voulu, en conséquence, que les deux sortes d'eau fussent amenées dans des conduites distinctes à Aurillac, où elles seront reçues dans des réservoirs spéciaux à chacune des deux origines, pour de là être distribuées, toujours par des conduites spéciales distinctes, dans les divers quartiers de la ville, fournissant à l'écoulement de fontaines ou de bornes, toujours distinctes, suivant l'origine des eaux : toutes choses, soit dit en passant, qui nécessiteront, dans bien des maisons, des réservoirs ou vases d'approvisionnement distincts.

Nous observons que M. Renard évalue les frais de captage et de dérivation des eaux de la Jordane à

Aurillac, y compris la construction de leur réservoir, à............................ 183,000 fr.

Que le même résultat, appliqué aux eaux de la source du Morou, coûterait 167,000

Total.... 350,000 fr.

Et que cette dépense ne comprend ni la construction de nouvelles fontaines, ni les indemnités de terrain.

L'emprunt fait par la ville étant de 400,000 fr. et 80,000 fr. devant être affectés à d'autres entreprises, telles que réparations du collége, construction du chemin vicinal n° 5, appropriation de l'abattoir, modification à l'état de la rue Saint-Marcel, il restera une somme de 320 mille fr. disponible, mais inférieure de 30,000 fr. à l'évaluation de M. Renard, et dès lors, ne pouvant permettre l'exécution du système complet de distribution d'eau.

La source du Morou nous offre une eau d'une bonne qualité relative; mais *le cours de la Jordane est constitué par une eau des meilleures en qualité que produise la nature.* Les analyses respectives qui en ont été faites par divers chimistes, à diverses époques, avaient constamment établi la supériorité des eaux de la Jordane sur celle du Morou, en ce que les matières solides en dissolution sont en moindre quantité dans celles de la Jordane. Ces résultats sont confirmés de nos jours, soit par la différence en degrés hydrotimétriques simples, en faveur des eaux de la Jordane, soit par l'analyse volumimétrique qui repose encore sur les travaux de MM.

Boutron et Boudet. De plus, les eaux de la Jordane, comme celles de tous les cours d'eau, sont plus aérées ou renferment une plus grande quantité des éléments de l'air, condition qui a la plus grande importance au point de vue de l'hygiène.

Depuis les travaux modernes de MM. Daubuisson, d'Arcy, Dupuit, Dumont, etc., la filtration des eaux d'un cours aquifère, tel que ruisseau, rivière, fleuve, est presque toujours d'une grande simplicité : elle consiste à creuser, parallèlement au lit du cours d'eau, une tranchée ou une série de puisards dont le fond est inférieur de quelques mètres au radier, et à donner issue à l'eau qui se ramasse dans ces réservoirs, soit au moyen de pompes, ou mieux, quand une pente suffisante existe, comme à Aurillac, avec de simples conduites. Il est rare que les rivières ne coulent sur un terrain d'alluvion, constitué par des galets et du sable au travers desquels l'eau passe facilement. Dans ces filtres naturels, les matières en suspension dans l'eau, loin d'être entraînées, comme dans certains filtres artificiels, au travers des couches arénacées, où elles finissent par en obstruer les interstices, sont constamment entraînées par le mouvement même des eaux qui s'écoulent dans leur lit, d'où résulte une filtration permanente, constante dans ses résultats. Du reste, lors même que la nature n'aurait point disposé d'avance, comme il convient, les éléments de cette filtration, l'art qui, de nos jours, se perfectionne si notablement, y pourvoit à peu de frais, en imitant le jeu précipité de la nature. On peut consulter, à cet effet, la deuxième édition du remarquable traité déjà cité de M. Dupuit, inspecteur général des ponts et chaussées, pages 41 et suivantes, ainsi que l'ouvrage déjà invoqué de M. Grimaux, de Caux, page 267, etc.

La filtration des eaux potables par les moyens précités, non seulement ne leur enlève pas ou leur enlève peu des éléments de l'air qu'elles tiennent en dissolution, mais elle donne deux résultats extrêmement précieux : à savoir, leur limpidité en tout temps et une température uniforme en toute saison, se traduisant par de la fraîcheur en été.

Les eaux de la Jordane, déjà si pures et bien aérées, seraient, étant filtrées, l'expression de ce que l'homme peut se procurer de meilleur dans l'espèce, pour la satisfaction de ses divers besoins. Qu'on y ajoute, pour une moitié en sus ou un tiers de l'ensemble, les eaux du Morou un peu plus dures, qui cuisent un peu moins bien les légumes, qui dissolvent moins parfaitement le savon, qui, à défaut d'air, sont un peu moins digestives, on aura encore un mélange dont la moyenne de composition sera très-bonne. Or, le prix des conduites de fonte de fer croissant seulement en raison de leur diamètre et non point en raison du carré de ce diamètre ou de la surface de section, un tube unique, conduisant la somme des eaux de la Jordane et du Morou, coûterait approximativement un tiers de moins que la somme des deux conduites distinctes proposées, et comme ces conduites, à la distance du Morou à Aurillac, sont portées sur le devis à une somme qui dépasse 105 mille francs, l'adoption d'une seule, amenant les eaux des deux origines, réunies à partir du Morou, ou mieux à partir de la rive gauche de la Jordane à la même distance d'Aurillac, aurait pour premier résultat une économie de 35 mille francs, déjà plus que suffisante pour amener à fin l'ensemble des travaux; permettant dès lors à la ville d'Aurillac de jouir, dans peu, de la distribution cette fois complète des eaux amenées à Aurillac, et que l'insuffisance de 320 mille francs pourrait laisser inachevée.

Notre système suppose un réservoir de filtration des eaux de la Jordane, au point de captage de ces eaux, ce qui rendrait déjà inutile le réservoir d'approvisionnement à Aurillac. Or, ce réservoir à filtre, que rien n'empêche de construire de la capacité de celui projeté au-dessus d'Aurinques, coûterait bien moins, soit parce que les terrains hors de la ville sont d'une moindre valeur qu'à l'intérieur de la cité, soit et surtout parce que sis dans la partie la plus déclive de la vallée, comme par la nature de leur objet qui les appelle constamment à recevoir de l'eau, ces réservoirs, loin d'être sujets à perdre le liquide, en prennent, au contraire, dans tous les sens. Des réservoirs perchés au-dessus d'Aurinques nécesiteraient une grande perfection dans la construction de leurs parois, comme dans le choix de leurs matériaux, et en outre une grande dépense de ciment, lorsque les réservoirs-filtres se font simplement à pierre sèche, afin que l'eau y pénètre de toute part. Les voûtes s'en font seulement à pierre de moellon. La pierre de taille, nécessaire quand il s'agit de réservoirs élevés, à pression intérieure considérable, serait ici une superfétation. L'économie ne saurait être moindre de 20 mille francs.

Si à cette économie on joint celle qui résulte de la suppression complète du réservoir des eaux du Morou, d'une inutilité ressortant de l'ensemble du système que nous proposons, nous réalisons par ce seul fait une nouvelle économie de 36 mille francs, soit ensemble 91 mille francs.

Mais la suppression, au-dessus d'Aurinques, de tout réservoir, a pour conséquence immédiate une diminution considérable de parcours dans les grosses conduites d'approvisionnement, puisque leur division ou ramification pourra immédiatement se produire à leur arrivée à Aurillac, simplification qui se traduit par une économie qui ne saurait être moindre de 10 mille francs. D'un autre côté, l'emploi d'un tube au lieu de deux, dans les ramifications de l'intérieur de la ville, qui doivent déverser l'eau dans les divers quartiers, aura aussi pour résultat une petite économie que nous pouvons porter, sans exagérer, à 5 mille francs, soit pour cet ensemble 15 mille francs, ce qui élève déjà le chiffre de nos économies à 106 mille francs.

Enfin, en concédant à perpétuité 50 prises d'eau d'un décilitre par seconde, à raison de mille francs, ce qui est à très-bas prix en vue d'en faciliter la cession, et qui d'ailleurs est assez juste, puisque la jouissance de ces prises tourne au profit de la masse commune, ainsi qu'on l'a compris, en ces derniers temps, dans l'administration de plusieurs de nos grandes villes, nous atteignons un ensemble de résultats représentant une somme de 156 mille francs, devenant dès lors disponible et pouvant non seulement permettre l'exécution complète du système de distribution d'eau désiré, mais qui, distraction faite des 30 mille francs, complément de la dépense à faire pour cet objet, laisse libre, et sans destination, une différence de 126 mille francs. Or, cette somme, combinée à la dépense considérable que fait annuellement la ville pour l'entretien du collége, serait capable, sans aggraver ses ressources, d'amortir, dans une période un peu longue peut-être, ce qui importe peu, un emprunt nécessaire à transformer ce collége en lycée (1). Mais l'instruction bien entendue est incontestablement à l'intelligence et à la morale ce que l'eau, l'agent essentiel de la propreté, est au développement et à l'entretien salubre du corps. Combien donc ne serions-nous pas heureux si, avec une somme de trois cent vingt mille francs, au-dessous des moyens nécessaires pour nous procurer un des agents fécondants précités, nous arrivions au résultat multiple de posséder deux établissements de premier ordre versant à flots, pour les besoins et au sein de la cité : l'un, l'élément par excellence du bien-être et de la longévité ; et l'autre, le principe de l'épanouissement intellectuel et moral, seules et vraies sources du bonheur et du progrès dans toute son acception !

---

(1) Les colléges sont, comme on sait, à la charge des communes, tandis que l'État fait seul les frais d'entretien des lycées.

VIII. — Considérations diverses.

Nos réflexions pourront paraître tardives, sans doute, aux hommes qui, animés de l'ardent amour de notre cité et souhaitant sa transformation prochaine, abonderont dans le sens de nos idées; mais, tout en regrettant que les circonstances ne nous aient point mis plus tôt à même d'étudier ce sujet, nous ferons observer que, par la date qu'on a donnée à l'emprunt, les travaux ne peuvent commencer qu'à une époque encore éloignée et d'ici à laquelle on aurait suffisamment le temps de modifier le projet.

La concession de 50 robinets d'écoulement, jaugés à un décilitre par seconde, ne font en somme qu'un total de cinq litres à distraire des quinze litres que procurerait le système, sans compter le rendement des fontaines existantes, provenant de sources autres que celle du Morou. Plusieurs propriétaires de simples maisons, d'hôtels, de cafés, et divers industriels ne manqueraient point sans doute, à ce prix, d'acquérir une ou plusieurs fois cette unité de prise d'eau; mais, dans l'hypothèse où les concessionnaires à ce prix ne s'élèveraient point au chiffre de 50, ce qui est peu probable, nous savons quelqu'un de disposé à acquérir ce qui resterait à vendre, à la seule condition qu'il aurait la faculté de revendre ou de louer à un prix quelconque, et que la ville ne pourrait faire de nouvelles concessions, ou que si elle jugeait utile d'en consentir encore, ce ne pourrait être dès lors qu'à raison de deux mille francs, au lieu de mille, l'unité de prise d'eau.

Deux causes concourraient, dans l'hypothèse de notre projet, à obtenir la fraîcheur de l'eau de la Jordane, filtrée et amenée à Aurillac, en été : la première se trouve dans le passage du liquide au travers d'une masse arénaire considérable, ce qui serait suffisant déjà, si on considère les cas déjà nombreux en France, dans lesquels les eaux sont, à ce point, élevées au moyen de pompes, pour en faire une distribution immédiate. La seconde cause réside dans l'écoulement de cette eau dans des tuyaux souterrains pendant un trajet de 4,500 mètres, à une profondeur qui ne participe jamais des fluctuations de température atmosphérique. Ce résultat doit être considéré comme certain, d'après des hommes les plus autorisés par le savoir et par l'expérience.

Nous ne quitterons pas notre sujet sans appeler l'attention sur une question qui, s'y rattachant, nous a semblé être l'objet d'appréciations, généralement erronées : nous voulons parler des robinets de prise d'eau, jaugés et concédés. Plusieurs personnes, appelées à disposer des fonds de la ville, ont maintes fois raisonné avec nous comme si ces prises d'eau ne devaient entraîner l'écoulement du liquide, hors des conduites, que tout autant que les besoins du concessionnaire l'exigeraient, pensant que ce liquide pouvait, sans inconvénient, stationner dans les ramifications ultimes de ces conduites. Nous devons nous élever avec force contre une semblable manière de voir.

En effet, dans une contrée comme la nôtre, à plus de 600 mètres d'altitude, où les hivers sont rigoureux et durent généralement pendant cinq mois de l'année, où le thermomètre descend annuellement en moyenne à dix degrés, la congélation de l'eau se produit rapidement dans des tubes de faible dimension, malgré les précautions qu'on pourrait prendre, dès que cette eau n'y est point de passage et y séjourne. Un seul moyen peut résoudre la difficulté : c'est celui d'un double système de tubes pour la distribution de l'eau aux divers étages de la maison, dont l'un conduirait le liquide en mouvement à une hauteur supérieure à celle où l'on doit placer le robinet ou les robinets de prise d'eau, qu'on ouvre et qu'on referme à volonté, et l'autre de descente, amenant l'eau de ce point le plus élevé à une ouverture plus ou moins basse, par laquelle on alimenterait soit un jet d'eau ascendant, soit un réservoir, ou qui irait simplement la déverser dans les latrines et égoûts de la maison. De cette manière, le liquide, étant constamment en circulation dans les tubes, ne saurait se congeler dans la période de son passage, insuffisante pour que son refroidissement parvînt au degré de zéro ou de la glace.

Une des objections, en apparence sérieuses, qui peut être faite à notre système, c'est celle qu'une conduite unique amenant les eaux à Aurillac, les réparations qu'on pourrait vouloir faire à cette artère principale auraient pour effet d'interrompre le service dans son entier. A cela nous répondrons d'abord que les conduites de fonte, avec les épaisseurs voulues et avec les garanties que donnent les essais dynamométriques auxquels on les soumet aujourd'hui (dix atmosphères), semblent devoir être éternelles. Mais y aurait-il lieu de pourvoir de temps en temps au remplacement de certains corps, qu'en adoptant les conduites du système Fortin et Hermann frères, qu'on vient d'employer pour amener à Paris les eaux de la Dhuys, l'interruption du cours de l'eau ne serait pas en moyenne de plus de deux heures. Ce système, extrêmement simple, diffère des conduites ordinaires proposées par M. Renard, ayant un emboîtement à l'un des bouts, en ce que les corps en sont complètement cylindriques extérieurement et intérieurement. On les dispose comme des drains, bout à bout, et les extrémités ainsi adaptées sont ensuite enveloppées et fixées au moyen d'une virole mobile qu'on fait glisser de manière à recouvrir les joints. Enfin, on coule du plomb fondu ou du ciment entre la virole et le joint des deux corps de pompe. S'agit-il de remplacer un de ces corps lorsque le système est complet, on fait glisser les deux viroles opposées qui revêtent les deux joints, et, sans déranger d'autre corps que celui qu'on veut remplacer, on enlève et on en substitue un autre de même dimension à sa place. On fait glisser les deux viroles et on coule du métal comme en premier lieu.

Les réparations portant sur les diverses ramifications de conduites, à Aurillac même, présenteraient peu d'inconvénients à ses habitants, par la raison que l'interruption ne serait que partielle. Pendant la durée de la réparation, les habitants du quartier non desservi par le système se pourvoiraient momentanément à tout autre quartier où la distribution fonctionnerait.

Enfin, pour répondre à l'objection la plus grave (l'embarras où l'on serait à Aurillac, pendant qu'on ferait aux prises d'eau ou aux appareils à filtrer une réparation quelconque, n'aurait-elle d'autre effet que de troubler le liquide), nous dirons qu'il ne coûterait rien ou presque rien, puisque la grande artère, en se rendant en ville, longe le bief dit du PRÉ-MONJAU, de faire à ce canal une prise d'eau qu'on n'ouvrirait qu'au besoin, de manière à ce que, par la pression naturelle de ce point, plus de la moitié de la ville pût encore être desservie par cette alimentation exceptionnelle. Dès ce moment, tous les tubes d'écoulement d'une altitude moindre que celle de cette prise d'eau insolite, continueraient à donner de l'eau, sans doute avec moins d'abondance, puisque la pression serait moindre, mais de manière, néanmoins, à pourvoir aux besoins momentanés de la cité. D'ailleurs, il resterait encore, pour les personnes qui répugneraient à l'emploi de l'eau de la Jordane non filtrée, la ressource de toutes les anciennes fontaines, sauf celles qui étaient alimentées par les eaux du Morou, savoir : la source du Pradet, dont on pourrait tripler le rendement au moyen d'une réparation ; la source d'Aurinques ; la fontaine de la place Saint-Geraud, et celle dite de l'*Aumône*, sans compter un assez grand nombre de sources naturelles alimentant des tubes d'écoulement, ou des puits, dans des enclos ou des maisons particulières de la ville.

Nous croyons ne devoir conserver dans notre système

qu'un des réservoirs parmi ceux qui sont projetés. En effet, à quoi serviraient ces réservoirs, en ville, avec nos moyens proposés? Leur raison d'être ne pouvait sérieusement se trouver que dans les moyens d'alimenter la ville, dans les cas exceptionnels de réparations des conduites qui amènent les eaux du point de leur captage à Aurillac, et nous y pourvoyons d'une toute autre manière : en détournant momentanément les eaux du bief Saint-Etienne.

Quant à la charge ou pression du liquide, elle était de dix mètres pour arriver au réservoir d'Aurillac, d'où l'eau se divisait ensuite dans les divers quartiers pour les alimentations diverses; dans la distribution par notre système, le résultat de la pression, loin d'être inférieur au système Renard, lui sera, au contraire, supérieur d'une atmosphère que représente la charge approximative en sus de dix mètres.

Serait-ce pour faire face aux besoins des incendies qu'on voudrait un réservoir en ville? Mais outre que notre réservoir-filtre des eaux de la Jordane pourrait fournir, à la distance où il se trouve comme à Aurillac, on ne peut espérer recevoir plus d'eau que ne le comporte la dimension des tuyaux de conduite affectés au service du quartier où le sinistre se produit. Or, dans ces cas, et en supprimant momentanément l'écoulement des conduites ailleurs que dans le quartier où se trouverait l'incendie, on aura de quoi fournir, et bien au-delà, à l'écoulement de ces conduites, en général singulièrement réduites dans leur diamètre, par suite des divisions que subit l'artère principale en pénétrant dans la ville et dont la moyenne est au-dessous de douze centimètres. S'il fallait, dans ces cas, pour compléter la quantité d'eau nécessaire, aller puiser dans un ou plusieurs quartiers éloignés de la place qu'occupent les pompes, on trouverait tout aussi naturel, et peut-être plus commode, pour le puisement du liquide complémentaire, de recourir aux divers biefs qui traversent la ville, comme ceux de Saint-Etienne, de la Préfecture et des Tanneurs.

Si, ainsi que le croit un de nos plus distingués ingénieurs français, Aurillacois par la naissance, par sa famille et surtout par le cœur, M. Laborie, la quantité d'eau qui s'écoule dans la Jordane est de 300 litres par seconde, lors des plus basses eaux, la proportion de dix litres qu'il faudrait en détourner, pour compléter notre système, n'en serait que la trentième partie. Or, la moitié en sus, ajoutée à cette quantité et ne constituant ensemble que le vingtième de cet écoulement total, représente la somme du volume nécessaire à l'alimentation du système complet, c'est-à-dire une fourniture de 15 litres par seconde. En présence de ces chiffres, en présence de la supériorité en qualité des eaux de la Jordane sur celle du Morou, on se demande s'il n'y aurait pas lieu de renoncer aux eaux du Morou, en captant, dès lors, dans la rivière, toute l'eau nécessaire aux besoins de la ville. Nous savons combien cette mesure radicale, de nature à blesser davantage les idées généralement admises sur la valeur respective des eaux, pourrait éveiller de susceptibilités de plus d'un genre ; aussi nous sommes-nous gardé de vouloir la faire prévaloir; mais nous devons dire cependant que telles seraient nos vues personnelles, que s'il ne dépendait que de nous, nous voudrions, avant de commencer tout travail d'aménagement d'eau pour Aurillac, faire évaluer de nouveau, par les moyens les plus précis qu'indique la science, la proportion exacte qu'enlèverait à la Jordane seule l'emprunt nécessaire à une distribution convenable d'eau pour la ville; et si alors, la supputation précitée, que son auteur n'ose considérer encore comme suffisamment établie ou assez rigoureuse, était confirmée, nous croirions devoir puiser à la rivière, et là uniquement, toute l'eau nécessaire au système de distribution en projet. Que serait, en effet, et en temps de *basses eaux seulement*, le tort éprouvé de la part des usines par le détournement d'eau dont il s'agit? un vingtième du résultat qu'elles donnent; peu de chose certainement. Mais la proportion de l'eau de la Jordane, relative au volume total consacré par le système déjà adopté, en représente les deux tiers; en sorte qu'en supposant que les usiniers ou propriétaires lésés eussent droit à une indemnité, elle ne saurait varier de l'un à l'autre système que d'un à un et demi, ce qui est, dans ce cas, insignifiant. Ajoutons que le prix de la vente de la source du Morou, que la ville pourrait, dès lors, consentir aux propriétaires à proximité, qui déjà la convoitent, serait très-probablement plus que suffisant pour couvrir le surplus des dommages à accorder dans l'hypothèse où il en serait dû. C'est alors que l'exécution, se simplifiant de plus en plus, nous serions en droit de compter sur une grande économie, en dehors de la meilleure qualité de l'eau, dans les résultats. Mais nous n'avons pas tant espéré en entreprenant le présent petit écrit : nous avons voulu, avant tout, être pratique en demandant simplement des modifications et non un travail radical qui, retardant peut-être l'exécution d'un projet dont les résultats sont attendus avec impatience, contrarierait, à quelques titres, un grand nombre de nos concitoyens. Aussi avons-nous pris une moyenne, mais moins en vue de satisfaire notre opinion touchant les intérêts de la cité que d'arriver promptement à un résultat, sinon le meilleur, au moins immédiat et supérieur à celui que peut offrir le projet actuellement adopté.

En résumé, et pour revenir encore une fois à nos vues, tendant simplement à modifier le projet adopté par le Conseil municipal, nous voudrions :

1° Supprimer tout réservoir des eaux du Morou, soit à Aurillac, soit à leur source, et faire directement déverser ces eaux dans la conduite venant de plus loin capter, à l'altitude des eaux du Morou, au-dessus de Braqueville, les eaux de la Jordane ;

2° Supprimer tout réservoir des eaux de la Jordane, à Aurillac, pour le reporter au lieu même de captage des eaux, en le transformant dès lors en réservoir de filtration, simple ou multiple ;

3° Employer une artère unique amenant ensemble les eaux des deux origines, à partir du point de leur réunion, à la distance du Morou. Cette conduite collective se bifurquerait seulement avant son entrée à Aurillac, où elle se ramifierait de manière à desservir, dans le plus court trajet possible, les divers quartiers de la ville où elle est appelée à fournir à l'entretien des divers tubes d'écoulement, de jets d'eau et aux besoins des concessions particulières.

Cette conduite principale, longeant le bief dit de *St-Etienne* ou du pré *Monjau*, devrait communiquer à volonté avec ce cours d'eau, dans le lit duquel on pourrait même le placer, de telle sorte, qu'à un moment donné, une prise d'eau fût facile à établir. Nous avons déjà indiqué son objet, celui de desservir exceptionnellement la ville, au moment des réparations ou nettoyages, soit des conduites, soit du réservoir, en amont.

Disons, avant de terminer, que les eaux de la rivière, dans notre système de captage, ne pénétrant dans les conduites qu'après avoir été filtrées, ne déposeraient pas ou presque pas de limon, toujours très-abondant, au contraire, lorsqu'on a affaire à des eaux courantes non filtrées. On peut affirmer aussi que les inscrustations dans les conduites seraient nulles avec un liquide aussi pur que celui dont nous disposerions, ne marquant que 3 degrés 7 dixièmes à l'hydrotimètre.

Quant à la prétendue impureté des eaux de la rivière, par suite des saletés qu'on y jette et parmi lesquelles les animaux morts sont ici l'objet de la plus grande répulsion, nous ferons remarquer que ces appréhensions portent à faux, ne s'appuyant que sur des apparences trompeuses ou des notions erronées. Qu'on veuille ne pas perdre de vue que la Jordane, au temps de ses plus basses eaux, donne encore un écoulement de 300 litres d'eau par seconde, représentant celui de *vingt-six millions de litres* par jour. En supposant que les matières que peut dissoudre l'eau soient nuisibles, elles seraient en si minime proportion qu'elles ne pourraient, pour cela, exercer une action appréciable. En effet, d'après ces données, le cadavre d'une mouche, du poids de moins d'un décigramme, en immersion pendant vingt-quatre heures dans une carafe d'eau, devrait y abandonner proportionnellement plus de matière organique, dite saleté, que quarante-quatre cadavres de mouton ou de tout autre animal du poids moyen de 40 kilogrammes, en permanence dans les eaux de la Jordane, en temps de sécheresse.

Dans cette question, du reste, comme dans celle des substances inorganiques que renferment les eaux, nos analyses personnelles concordent et plus encore avec les résultats obtenus par les chimistes qui nous ont précédé dans les recherches de même nature, et nous trouvons, en toute saison, à un milligramme près, les mêmes quantités de matière organique dans les eaux du Morou que dans celles de la Jordane prenant naissance à une faible distance du point de captage projeté, et dont une bonne partie provient soit de la condensation directe des nuages, soit de la fonte des neiges, sans pénétrer dans le sol, où, contrairement à ce que pense le vulgaire, les eaux, dans leur passage au travers de la couche dite végétale, rencontrent mille détritus organiques des deux règnes dont elles s'imprègnent.

www.ingramcontent.com/pod-product-compliance
Lightning Source LLC
LaVergne TN
LVHW012010160826
845678LV00002B/753

9782329666877